Nonograms, also known as logic puzzles or picross, are one of the most popular types of logic puzzles in the world. The game involves discovering a hidden pattern, which usually forms a picture, by uncovering and marking the appropriate squares on a grid marked with numbers.

The nonogram grid consists of horizontal and vertical lines, each of which has a specified number of squares. These numbers indicate the number of connected, filled-in squares on that line. Players must use these numbers to uncover the pattern on the grid by filling in or marking the squares that belong to the pattern.

Nonograms are known for their simple yet engaging gameplay and the immense variety of patterns that can be uncovered. These puzzles also offer levels of difficulty, ranging from easy ones suitable for beginners to more complex and challenging ones for experienced players.

The history of nonograms dates back to the early 1980s, when two Japanese game designers, Non Ishida and Tetsuya Nishio, independently created them. Soon after, nonograms became very popular in Japan, where they are known as "hanjie". Over the next few decades, nonograms gained popularity around the world and became one of the most recognizable types of puzzles.

Nonograms are perfect for people who enjoy logic puzzles and are looking for something more than traditional crosswords or Sudoku. They are available in various formats, including mobile games, computer applications, or in the classic paper form. Regardless of the format, nonograms offer many hours of engaging and satisfying fun.

How to solve logic puzzles?

1. COLOR SOME FIELDS ACCORDING TO THE GIVEN NUMBERS.

2. THE NUMBERS INDICATE GROUPS OF COLORED FIELDS, FOR EXAMPLE 4 - AS IN THE GIVEN EXAMPLE:

3. THERE MUST BE AT LEAST ONE FIELD WITH AN X BETWEEN THE GROUPS.

X - REPRESENTS AN EMPTY, NON-COLORED FIELD.

4. THE ORDER OF THE GROUPS MUST MATCH THE ORDER OF THE NUMBERS.

TIP:

START WITH THE ROWS THAT HAVE THE HIGHEST SUM OF NUMBERS.

CAREFULLY SELECTED NONOGRAMS FOR BEGINNERS WITH INCREASING LEVELS OF DIFFICULTY. ALL NONOGRAMS HAVE BEEN TRIPLE-CHECKED AND VERIFIED. SOLUTIONS ARE INTENTIONALLY NOT PROVIDED, AS IT WILL MAKE EACH TASK MORE CHALLENGING AND INTERESTING FOR YOU TO SOLVE. I ENCOURAGE YOU TO SOLVE THE TASKS IN THE ORDER GIVEN FROM 1 TO 50. THIS IS AN EXCELLENT PRODUCT FOR THE UPCOMING SPRING-SUMMER SEASON, BUT NONOGRAMS ARE ALSO A GREAT YEAR-ROUND ENTERTAINMENT.

The picture number 1.

		1	8	3 4	4 4	7	7	4 4	3 4	8	1
	4										
	6										
	8										
	10										
1 2	1										
1 2	1										
	8										
3	3										
3	3										
3	3										

The picture number 2.

		2	1	6		4	4		6	1	2
		3	5	2	10	1	1	10	2	5	3
	4 4										
1 2 2 1											
	2 2										
	2 2										
	8										
	10										
2 4 2											
2 4 2											
	3 3										
	6										

The picture number 3.

		1	8	3 1	4 2 1	4 1	4 4	4 4	3 1	8	1
	4										
	6										
	8										
	10										
	1 1										
	1 1 1										
1 1 2 1											
	1 2 1										
	1 2 1										
	8										

The picture number 4.

	1 1	2 2	3 3	4 1 1	5 3	8 1	4 3	3 1 1	2 3	1 2
1										
2										
4										
6										
8										
10										
1										
10										
2 1 1 2										
7										

The picture number 5.

	2 3	5	7	8	10	10	8	7	5	2 3
2										
2										
1 6 1										
10										
8										
8										
8										
10										
1 6 1										
1 4 1										

The picture number 6.

				2 2			3		
	2 2	4 1	2 3 2	6 1	3 6	1 8	6 1	3 2 2	4 1	2 2
6										
4 3										
2 7										
4 2 2										
8										
6										
2										
2										
1 1 2 1 1										
10										

The picture number 7.

	2			2	6		2			2
	1	8	5	7	1	6	7	5	8	1
4										
6										
2 2 2										
10										
10										
8										
1 1 1 1										
1 1 1 1										
1 1 1 1										
2 2 1 2										

The picture number 8.

				2	3	4 3	4 2	10	4 3	4 4	4	4	3
1	1	1											
		5											
		5											
		5											
	3	2											
	1	3											
2	1	4											
	3	5											
		7											
		5											

The picture number 9.

		6	7	1 8	1 7	7	1 8	1 6	1 1	1 1	3
1	1										
1	1										
1	1										
7	1										
8	1										
7	1										
7	1										
7	1										
	8										
	5										

The picture number 10.

			1 3 1 2	1 2 2 1	6 1 1	6 1 1	2 2 1	3 1 2		
		4	6							6	4
4											
2											
6											
8											
3 2 3											
2 2 2											
4 4											
2 4 2											
2 2											
6											

The picture number 11.

		2 2 2		9		1 5		4 3 1		1 2 5		2 5		1 3		2		3
2																	
3																	
2 3																	
7																	
2 1																	
6 1																	
10																	
1 7																	
1 3																	
2 3																	

The picture number .12

		2	1					2		
		2	1					2		
		1	1		1		5	3	1	1
	2	3	1	6	5		1	1	1	3
2										
2 1 3										
1 1 1 1										
6										
1 5										
10										
5 1										
2 3 1										
1 1										
1 3										

The picture number .13

			2 3	5 3			10	8		
	5	7	1	1	15	15	1	1	7	5
10										
10										
2 7										
2 7										
2 7										
2 5										
2 5										
6										
4										
4										
2										
2										
2										
2										
6										

The picture number .14

						2	2	3						2		
		4		3	2	2	1						2		
	1	1	7	2	2	2	2	7	6	5	8	10	5	6	3
1 1															
3															
4 5															
6 2 2															
3 3 5															
2 2 7															
2 9															
2 6															
11															
12															

The picture number .15

	1	4 1	7	3 2	2 2 2	2 2 2	3 1 2	7	6	5	8	10	2 5	6	3
1 1															
3															
4 5															
6 2 2															
3 3 5															
2 2 7															
2 9															
2 6															
11															
12															

The picture number .16

	1 1 1	2 3	3 3 2	3 3 1	7 1 1	2 4 1	1 1 6	3 3 1	1 1 6	2 4 1	7 1 1	3 3 1	3 3 2	2 2 3	1 1 1
2 2															
7															
1 1 1															
5 1 5															
6 6															
11															
7															
2 5 2															
2 1 1 2															
15															

The picture number .17

		1	1 1	1 1	3	1 1		1 1	1 1				1		
		1	3	2	1	3	1	6	4	1			1		
	1	3	1	1	1	2	6	1	6	4	1			1	
	2	1	1	4	1	1	1	8	1	1	1	1	1	3	1
9															
1															
5															
1 4 3															
1 4 1															
1 9															
8															
6															
1 1 1															
10															

The picture number .18

			1	2	2					1
	3		4	2	4			2	4	2
	3	6	1	1	2	10	8	3	1	2
4 1										
1 4										
2 3										
3 5										
6 2										
9										
3 5										
2 3										
1 3 1										
4 2										

The picture number .19

	1 4 2	2 2 4 2	4 4 1	7	6	7	1 5 1	1 1 4 3	2 2 2	4 1 1
2 4										
3 2										
1 1 1										
2 1										
2										
1 3										
2 5										
9										
9										
7										
4										
1 3										
3 1										
2 2										
1 2										

The picture number .20

Column clues (left to right):

Col	Clues
1	1
2	1, 1
3	1, 1
4	3, 1
5	1, 8
6	1, 4
7	1, 7
8	7
9	1, 4
10	1, 2
11	4, 2, 1
12	1, 1, 2, 1
13	1, 1, 2, 2
14	8
15	1, 3

Row clues (top to bottom):

Row	Clues
1	1 1 1
2	1 5
3	1 1 1
4	1 2 1 1
5	1 2 4
6	7 3
7	7 2 2
8	1 6 2 2
9	1 1 6 2
10	1 2 2 4

The picture number .21

	3	1 3 1	4	4	5	5 2	6 1	15	6	5	5	4 1	4	1 3	3
1 1															
1 5															
9															
13															
15															
15															
1 1 1 3 1 1 1															
1															
1															
1															
1 1															
1															
1															
1 1 1															
3															

The picture number .22

					3						4				
				4	3					1	2				
	2	4	5	1	4	7	2	5	3	5	4	6	5	4	2
	3	3	2	1	1	7	12	9	11	7	1	1	2	3	3
7															
6 2															
4 6															
3 3 5															
10 4															
3 3 7															
13															
3															
5															
7															
7															
7															
2 7 2															
3 5 3															
15															

The picture number .23

The picture number .24

	5	2	7	3 3	7 2	7 2	3 3	7	2	5
4										
8										
10										
1 1 2 1 1										
1 1 2 1 1										
1 1 2 1 1										
1 6 1										
2 2										
4										
2										

The picture number .25

		2 2 2	7 1	4 1 1	6 1	1 4 1	1 3 2	4	2
4									
4 1									
5 1									
2 7									
4 5									
8									
1 1									
1 1									
1 1									
4									

The picture number .26

	6	1 3	4 2	8	9	3 3	3 2 3	3 5	9	5 2
3										
5										
1 7										
1 3 2										
1 3 1 2										
1 3 4										
1 3 3										
2 6										
10										
9										

The picture number .27

		4	6	4 2	5 2	5 2	8	8	8	6	4
1 1											
3 3											
10											
10											
2 7											
2 7											
2 5											
2 3											
4											
2											

The picture number .28

	2 2	2 4	1 5	5 3	2 5	6	8 1	2 4	6	2 1
3 2										
2 2 3										
1 2 1 2										
2 4										
3 4										
3 5										
10										
6										
3										
3										

The picture number .29

		2	4 2	9	4 4	2 3	2	1	4	3	2
1 1											
3											
5											
5 1											
1 2											
1 1											
2 2											
3 1											
5 1											
7											

The picture number .30

				1	1					2	1	1	1		
			2	1	1	3				2	1	1	1	2	
	5	5	5	5	5	5	8		8	5	5	5	5	5	5
	5	5	5	5	5	5	5	2	5	5	5	5	5	5	5
4 4															
1 2 2 1															
6 4															
3															
7 7															
7 7															
7 7															
7 7															
7 7															
0															
7 7															
7 7															
7 7															
7 7															
7 7															

The picture number .31

| | | 3 | 5 | | 3 | | | | | 3 | 5 | 5 | 3 | | |
| | | 4 | 2 | 5 | | | | | | | 2 | 2 | 4 | | |
	3	5	2	3	5	8	8	8	8	8	5	3	2	5	3
2 2															
4 4															
4 4															
4 4															
2 2															
1 1															
3 3 3															
4 5 4															
4 5 4															
2 5 2															
7															
9															
11															
11															
2 2															

The picture number .32

	3 3	4 4	8 4	9 3	2 2 7	4 3 6	2 1 3 5	7 5	2 3 5	4 3 6	2 1 2 7	9 3	8 4	4 4	3 3
3 3															
9															
2 1 1 1 2															
2 3 4															
2 1 2															
13															
15															
4 5 4															
5 5															
4 4															
7															
13															
15															
15															
3 7 3															

The picture number .33

	5 5 3	8 4	1 4 3	2 3 2 3	5 2 2	5 1	6 2 1	2 3 1	6 2 1	5 1	5 2 2	2 3 2 3	1 4 3	8 4	5 5 3
4 4															
2 2 2 2															
2 7 2															
15															
7 7															
6 6															
3 2 2 3															
2 1 1 2															
1 2 2 1															
1 2 2 1															
1 3 1															
1 3 1															
4 1 4															
5 5															
15															

The picture number .34

	3 1	6 8	8 3	2 3 3	3 9	10	9 4	1 1 2 4	9 4	10	3 9	2 3 3	8 3	6 8	3 1
2 3 3 2															
7 7															
15															
2 2 2 2															
2 5 2															
2 2 2 2															
11															
13															
6 6															
1 2 2 1															
1 1 1 1															
1 1 3 1 1															
4 3 4															
4 3 4															
5 3 5															

The picture number .35

	4 1 2 1	2 2 3 1	1 1 3 4 1	1 4 5	2 2 5	2 2 5	14	5	15	2 6 5	2 5 5	1 4 5	3 5	2 3 1	1 1 1 1
4 4															
2 1 3															
1 1 2 1															
1 3 2															
2 1 3															
2 1 4															
6 5															
7 6															
1 7															
3 1 1															
15															
13															
13															
10															
15															

The picture number .36

Column clues (left to right):

| 4 | 4 | 5 | 5 | 5 | 6 | 3 3 | 2 4 2 | 4 5 3 | 11 3 | 10 2 1 | 2 5 3 1 | 4 6 | 2 4 | 1 |

Row clues (top to bottom):

- 3
- 5
- 4 3
- 7
- 5
- 3
- 1 5
- 3 9
- 11 2
- 11 2
- 5 3 3
- 5 3
- 9
- 4
- 4

The picture number .37

	5 2	5 4	6 2	6 4	7 2	7 3	4 7	4 2 3	5 7	5 2 3	10 2	3 5 4	6 2	4 4	1 2
3															
1 5															
3 7															
11 2															
15															
9 4															
6 3															
4 2															
9															
7															
1 1															
1 1 1 1 1 1															
1 1 5 1 1															
15															
15															

The picture number .38

	1 1	1 2 1	2 4 1	3 6	4 5	5 5	6 5	15	8 5	1 6 5	1 5 5	4 6	3 6	2 4 1	1 3 1
4															
3															
5															
7															
9															
11															
13															
8															
1															
2 1 4															
15															
14															
12															
10															
15															

The picture number .39

	3 3 2	1 7 2	1 6 1 3	7 4	3 1 4	2 2 1 4	7 1 3	7 1 2	7 1 3	2 1 4	3 2 1 4	7 4	1 6 1 3	1 7 2	3 3 2
3 3															
1 2 3 2 1															
1 11 1															
15															
3 3 3															
3 4 4															
4 4 5															
3 3 3															
2 1 1 2															
1 5 1															
1 1															
3 3															
11															
15															
7 7															

The picture number .40

	6 1	8 1	1 9 1	1 1 11	11	11	2 11	1 9 1	1 8 1	6 1	2 2 2	2 1 1	2 2 1	4	2
1 2															
1 1															
1 1															
0															
10															
13															
14															
10 2															
10 2															
11 2															
8 3															
8															
6															
4 3															
11															

The picture number .41

Column clues:

1	2	3	4	5	6	7	8	9	10	11	12	13	14	15
5	2 5 6 1	1 7 9	1 18	4 1 4 3	3 2 2 2	4 1 2 1	4 6 1	4 1 2 1	3 1 2 2	4 2 4 3	1 18	1 7 9	2 5 6 1	5

Row clues:

Row	Clue
1	3 3
2	1 2 2 1
3	1 9 1
4	11
5	3 3 3
6	3 4 4
7	5 5
8	3 3 3
9	3 1 3
10	3 1 3
11	9
12	11
13	4 1 4
14	4 4
15	4 4
16	4 4
17	4 4
18	5 5
19	4 4
20	13

The picture number .42

						1									
			2	2		2	5		2	2					3
	3	5	3	3	7	3	3	7	3	3	7	5	3	3	3
2															
1															
1															
9 1															
11 1															
2 1 1 5															
2 1 1 4															
15															
11 1															
9 1															

The picture number .43

Row clues \ Column clues	4	5	5	8	1	1 1	1 1	1 3	1 1	1 2 1	1 1 1	8	5	5	4
					1	1 2	1 1		1 1	1 2	1 1				
2 5 2															
4 4															
4 4															
4 4															
4 1 1 4															
2 1 1 1 1 2															
1 1															
1 3 1															
1 1 1															
5															

The picture number .44

		2 3 3	1 4 4	6 3	3 3 2	9 1	9	2 5 2	4 3 4	5 5	14	14	4 3 4	2 5 3	1 7 1	1 4 4
2	8															
1	7															
	8															
3 5	1															
5 3	2															
7 2	3															
3 4	6															
8	5															
7	7															
4 4	3															
1 7	2															
2 6	1															
3	6															
3	4															
4	3															

The picture number .45

	2	5	6	4	8	1 12	14	15	14	1 12	8	3 2	1 2	2 2	6
1															
5															
3															
2 5															
3 5 3															
2 8 2															
11 1															
10 1															
9 1															
9 1															
8 2															
10															
7 1															
5															
5															

The picture number .46

	3 1	6 2	1 8 1	2 3 4 1	11 2	2 9 1	1 9 1	8 2	7 1	6 1	2 2	1 2 2 1	1 1 5 1	2 4 2	4 2 1
2 2 4															
3 2															
1 1 1															
4 1															
6															
8															
2 6 1 1															
3 6 4															
10 2															
10 2															
13															
11															
0															
2 2 2 2 2															
2 2 2 2 2															

The picture number .47

Column clues (top):

	9 2 2	3 4	1 2	4 4 1	2 3 1 1	3 2 2	5 1 1	3 3 1	2 2 3 1	10 2	9	2 8	5 7	6 4	8 1

Row clues (left):

- 3 3 3
- 2 5 4
- 2 7 4
- 1 1 1 1 3
- 1 2 2 1 3
- 1 3 3 2
- 1 7 1
- 1 1 3 1
- 1 1 5
- 1 5
- 1 1 6
- 2 1 5
- 2 1 4
- 15
- 2 4

The picture number .48

					3	2	1					1	2		
			1	3	2	3	2	1	2	1	2	3	2	3	3
	7	9	7	5	5	4	3	3	1	3	3	4	5	6	6
2 2															
4 4															
2 2															
1 1															
1															
1 2 2															
2 3 3															
2 2 2															
3 1															
3 3 2															
5 1 3															
6 4															
8 6															
14															
6 5															

The picture number .49

	3 1 4 1	2 1 1 4 1	1 1 3 1	5	11 1	8 3	4 1 2	3 1 1	3 1 2	3 1 2 3	2 6 1	5 4	1 3 1	2 4 1	3 1 4 1
3 4 2															
2 6 2															
1 1 8 1															
1 3 1															
1 2 1 1 1															
1 2 2															
2 1															
8															
5 5															
5 5															
5 5															
2 2 2 2															
1 2 2 1															
5															
3 3 3 3															

The picture number .50

Column	Clue
1	5 2
2	4 1 3
3	1 3 2 3
4	5 3 4
5	13 4
6	4 2 6
7	4 1 1 3
8	3 1 2 1 1 1
9	3 1 3 2 1 1
10	4 1 1 1 1 1
11	4 1 1 1 1
12	3 1 2 1 2 1 1
13	3 1 3 1 1 1
14	4 1 1 3
15	4 2 6
16	13 4
17	5 3 4
18	1 3 2 3
19	4 1 3
20	5 2

Row	Clue
1	8
2	12
3	14
4	4 2 4
5	3 2 2 3
6	4 1 1 4
7	2 2 2 2 2 2
8	3 1 2 2 1 3
9	3 1 1 1 1 3
10	1 1 2 2 1 1
11	1 4 1 1 4 1
12	4 4
13	4 1 1 4
14	2 4 2
15	2 1 1 2
16	2 2 2
17	5 5
18	5 4 5
19	5 5
20	5 6 5

www.ingramcontent.com/pod-product-compliance
Lightning Source LLC
Chambersburg PA
CBHW081700220526

45466CB00009B/2826